BEI GRIN MACHT SICH IHR WISSEN BEZAHLT

- Wir veröffentlichen Ihre Hausarbeit,
  Bachelor- und Masterarbeit

- Ihr eigenes eBook und Buch -
  weltweit in allen wichtigen Shops

- Verdienen Sie an jedem Verkauf

Jetzt bei www.GRIN.com hochladen
und kostenlos publizieren

Bibliografische Information der Deutschen Nationalbibliothek:

Die Deutsche Bibliothek verzeichnet diese Publikation in der Deutschen National-
bibliografie; detaillierte bibliografische Daten sind im Internet über http://dnb.d-
nb.de/ abrufbar.

Impressum:

Copyright © 2010 GRIN Verlag, Open Publishing GmbH
Druck und Bindung: Books on Demand GmbH, Norderstedt Germany
ISBN: 9783640556434

Dieses Buch bei GRIN:

http://www.grin.com/de/e-book/146619/interkulturelles-lernen-im-geographieun-
terricht

Steffen Blatt

Interkulturelles Lernen im Geographieunterricht

GRIN Verlag

Universität zu Köln: Geographisches Institut

Hauptseminar der Fachdidaktik: Interkulturelles Lernen

WS 2009/10

Abgabe: 14.1.2010

Interkulturelles Lernen im Geographieunterricht

Steffen Blatt

Inhaltsverzeichnis:

1. Einleitung

Interkulturelles Lernen ist ein Thema, das in unserer heutigen Gesellschaft eine wichtige Rolle spielt. Die Welt wächst im Sinne der Globalisierung immer enger zusammen. Expatriates leben auf der ganzen Welt verteilt, um in fremden Ländern für ihre Firmen und Auftraggeber zu arbeiten. Sie müssen dabei mit der ihnen meist fremden Kultur zurecht kommen und mit den Menschen dort arbeiten. Dieses Phänomen wird in Zukunft noch weiter zunehmen und darauf müssen die Schülerinnen und Schüler von heute vorbereitet werden. Doch nicht nur unsere Arbeitswelt und Geschäftspartner befinden sich zunehmend im Ausland. Es kommen auch viele Menschen nach Deutschland, um hier zu arbeiten. Dies ist besonders mit der EU-Osterweiterung augenscheinlich geworden. Die EU sorgt für einen europaweiten Arbeits- und Bildungsmarkt, in dem sich über 400 Millionen Menschen verschiedener Kulturen frei bewegen können. Europapolitik bestimmt mittlerweile einen großen Teil der nationalen Politik und damit unser Leben. Im Europaparlament müssen 27 europäische Länder miteinander verhandeln. Dies bedarf einer interkulturellen Bildung. Außerdem leben in Deutschland auch noch viele andere Menschen mit Migrationshintergrund. Seit den 1960er Jahren hat sich Deutschland zu einem Einwanderungsland gewandelt (vgl. Budke 2008: 13-15) und seit dem ziehen jedes Jahr mehr Menschen nach Deutschland als es Menschen verlassen. Nach Angaben des statistischen Bundesamtes lebten 2006 15 Millionen Menschen mit Migrationshintergrund in Deutschland. Viele Klassenzimmer in Deutschland sind vom Bild vieler verschiedener Ethnien geprägt und die Schülerinnen und Schüler wachsen zusammen mit anderen als nur der deutschen Kultur wie selbstverständlich auf. Dennoch es ist gerade deshalb wichtig, den Schülerinnen und Schülern ein interkulturelles Verständnis beizubringen, damit sie mit diesen anderen Kulturen besser interagieren können und es zu keinen kulturellen Missverständnissen kommt. Dies gilt natürlich ebenso für die Schülerinnen und Schüler mit Migrationshintergrund.

In diesem Sinne versucht diese Arbeit die Geschichte des interkulturellen Lernens in Deutschland im Allgemeinen und im Geographieunterricht im Speziellen zu reflektieren. Anschließend wird versucht die heutige Situation des interkulturellen Lernens in der Praxis des Geographieunterrichts widerzuspiegeln.

2. Eine Begriffsbestimmung „Interkulturelles Lernen"

Interkulturelles Lernen beschreibt die Interaktion mit einer fremdkulturellen Umwelt. Dies ist als ein Prozess zu verstehen, der eine Veränderung im Erleben und Verhalten zustande bringen soll. In Verbindung mit interkulturellem Lernen werden oft auch die Begriffe „interkulturelle Erziehung" und „interkulturelle Bildung" verwendet. Dabei kann der Prozess wie auch das Resultat dieses Prozesses gemeint sein. Das Ergebnis soll eben sein, dass die Lernenden diesen Prozess erfolgreich umsetzen und die andauernde Fähigkeit ausbilden, mit Mitgliedern anderer Kulturen interagieren zu können (Grosch & Leenen 1998: 29).

Eine weitere Definition bringt interkulturelles Lernen noch konkreter mit dem Unterricht in Verbindung und lautet: „Interkulturelles Lernen ist ein Unterrichtsprinzip, eine besondere Art des Umgangs mit dem Fremden und Andersartigen, das nicht auf einzelne Unterrichtseinheiten beschränkt bleiben kann" (Rother 1995:8). Demnach sollte interkulturelles Lernen fächerübergreifend unterrichtet werden und vielleicht sogar in das Leitbild der Schule integriert werden. Fächer, die sich hier besonders anbieten, sind zum einen die Fremdsprachen, da hier besonders authentisch in der Sprache eines anderen Landes kommuniziert wird und dann die gesellschaftspolitischen Fächer, allen voran die Geographie, die sich mit anderen Ländern und Kulturen befasst. Hier muss allerdings eines beachtet werden. Interkulturelle Erziehung und Bildung ist „nicht gleichzusetzen mit kultur- oder landeskundlicher Bildung im Sinne des Erwerbs von Kenntnissen über die anderen Länder und Kulturen" (Krüger-Potratz 2005:31). Ein klassischer Geographieunterricht führt also nicht automatisch zu interkultureller Bildung.

Wie beschrieben sollte interkulturelles Lernen als ein andauernder Prozess verstanden werden, bei dem die erworbenen Kompetenzen ständig erweitert werden. Dieser Prozess des interkulturellen Lernens kann wiederum in verschiedene, meist auf sich aufbauende Stadien unterteilt werden. Zu Anfang steht der Ethnozentrismus, welcher ein natürliches Verhalten von Menschen darstellt. Dies bezeichnet, dass die Menschen sich selbst und ihre Gruppe für mehr Wert halten als andere Menschen, die nicht zu ihrer Gruppe gehören. Dies gilt es zu durchbrechen. Das kann dadurch geschehen, dass auf Fremdes aufmerksam gemacht wird und damit bewusst gemacht wird, was es sonst noch auf der Welt gibt. Gleichzeitig sollte hier nicht nur auf Unterschiede hingewiesen werden, sondern auch auf die Gemeinsamkeiten der verschiedenen Kulturen aufmerksam gemacht werden. Dabei darf vor allem die eigene Kultur nicht vergessen werden. Ist dies soweit geschehen, besteht das nächste Stadium darin, diese fremde Kultur mit ihren Differenzen und Gemeinsamkeiten zu akzeptieren und zu respektieren. Danach sollten eine Bewertung und eine Beurteilung erfolgen, bei der die oder der Lernende sich die Stärken und Schwächen der anderen, aber auch der eigenen Kultur vor Augen führt und dies in sein Wertesystem einordnet. Das letzte Stadium liegt nun in einer selektiven Aneignung von diesen neu gewonnen Einstellungen. Der oder die Lernende sollte sich nun entsprechend der gewonnenen Erkenntnisse und Erfahrungen verhalten (vgl. Rinschede 2005: 196,197).

Nach Essinger ist interkulturelle Bildung auch eine Erziehung zu einer Weltzivilisation. Aber um diese zu erreichen, müssen fünf Prinzipien erfüllt werden. Diese Prinzipien beziehen sich auf einzelne Ziele der Erziehung, nämlich die Erziehung zur Empathie in andere Kulturen, Erziehung zur Solidarität, Erziehung zum kulturellen Respekt, zur Wertschätzung der Andersartigkeit und des Fremden, Erziehung zum Universalismus, also gegen das Nationaldenken, Überwindung des Ethnozentrismus und Erziehung gegen Rassismus. Als Ziel steht dann das nach Essinger höchste Ziel der Menschheit, nämlich dass die Lernenden zu humanistischen Erkenntnissen gekommen sind und sich humanistische Verhaltensweisen angeeignet haben. Dies entspräche einer Weltzivilisation und würde das Überleben der Menschheit sichern (1991: 17).

Warum interkulturelles Lernen heute so wichtig ist, zeigen drei verschiedene politische und gesellschaftliche Entwicklungen. Zum einen ist dies die internationale Migration und hier ist Deutschland als Zuwandererland besonders betroffen. Des

Weiteren trägt die europäische Einigung zu vermehrtem Kontakt mit „Fremden" bei und auch hier, als größter Arbeitsmarkt Europas, ist Deutschland wieder sehr gefragt. Als dritter Punkt ist das Zusammenwachsen der Märkte, Länder und Gesellschaften, also die Globalisierung zu nennen (Krüger-Poratz 2005: 15). Auernheimer sieht dies sehr ähnlich und beschreibt drei Herausforderungen und Anlässe für die interkulturelle Erziehung, die im Prinzip dasselbe aussagen: „Erstens die innergesellschaftliche, vor allem migrationsbedingte, Multikulturalität, zweitens die Vereinigung Europas mit seinen unterschiedlichen Sprachen, Traditionen und Kollektivgeschichten, drittens die Herausbildung der Weltgesellschaft mit ihrer kulturellen Vielfalt, mit der Tendenz zu kulturellen Grenzziehungen einerseits und dem Zwang zu Kooperation und zum interkulturellen Dialog andererseits" (2007: 9). Er spricht hier die Multikulturalität an, die schon im eigenen Land, im Prinzip vor der Haustür, anzutreffen ist. Interkulturelle Kompetenz ist also nicht nur wichtig, wenn fremde Länder bei Reisen, Arbeits- oder Studienaufenthalten besucht werden, sondern vor allem auch, um zu Hause ein friedliches Miteinander zu ermöglichen.

3. Die Entwicklung hin zum interkulturellen Lernen

Bis sich die Idee des interkulturellen Lernens durchsetzte, war es ein langer Weg. Anfang der 80er Jahre war erstmals von „interkultureller Erziehung" die Rede. Dies war die Zeit in der schon die Kindergeneration der Gastarbeiter in die deutschen Schulen ging, aber trotzdem waren die Bemühungen zu einer interkulturellen Erziehung nur halbherzig und wenig effektiv. Ein Problem war, dass die meisten Migranten zu diesem Zeitpunkt in Deutschland, anders als in den USA oder Großbritannien, noch keine staatsbürgerlichen Rechte besaßen und somit es auch nicht riskierten ihrem Unmut über die unzureichende Bildung ihrer Kinder Luft zu machen (vgl. Auernheimer 2007: 34).

W. Nieke hat die Entwicklung des interkulturellen Lernens seit den 1980er Jahren beobachtet und diese in Phasen unterteilt. Im Laufe der Zeit hat er ständig neue Phasen, den ursprünglich nur drei, hinzugefügt. Diese sind „I. Gastarbeiterkinder an deutschen Schulen: ꞌAusländerpädagogik als Nothilfeꞌ, II. Kritik an der ꞌAusländerpädagogikꞌ, III. Konsequenzen aus der Kritik: Differenzierung von Förderpädagogik und interkultureller Erziehung, IV. Erweiterung des Blicks auf die ethnischen Minderheiten, V. Interkulturelle Erziehung und Bildung als Bestandteil von Allgemeinbildung und VI. Neo-Assimilationismus" (2008: 13-14). Diese Phasen sind chronologisch geordnet und entsprechen in gewisser Maßen der Migrationsgeschichte in die Bundesrepublik. Diese wird im Folgenden etwas näher beleuchtet.

In den 1960er Jahren kamen die ersten Gastarbeiter nach Deutschland. Die meisten waren jung und kamen alleine. Nur wenige brachten ihre Familien mit, da sowohl sie selbst wie auch die staatlichen Institutionen in Deutschland davon ausgingen, dass die Arbeiter, nachdem sie genug verdient hatten, wieder nach Hause gingen. Es kamen also nur wenige ausländische Kinder nach Deutschland und ihnen wurde demnach auch wenig Beachtung geschenkt. Lediglich die Schulpflicht wurde auf sie ausgeweitet, aber ansonsten gab es keine Auswirkungen auf die Pädagogik. Auch in der Bildungsreformdebatte der 1960er und 70er Jahre fanden die Gastarbeiterkinder keine Beachtung. Selbst als in den 1970er Jahren immer mehr Familien nach Deutschland nachzogen, wurde hier wenig geändert, da immer noch davon ausgegangen wurde, dass die Familien bald wieder in ihre Heimat ziehen würden. Das Problem drängte sich aber immer weiter auf. Dies führte dazu, dass die Sprachbarrieren der Migrantenkinder abgebaut werden sollten und deren soziale Integration zentrale Themen der Bildungsdebatte wurden. Das Thema der Sprachschwierigkeiten der Migrantenkinder war dann auch ein wichtiges Thema in den 70er Jahren, zu dem viel Literatur publiziert wurde. Hier wurde also ins besondere der Fremdsprachenunterricht angesprochen. Dabei sollten die Migrantenkinder vor allem Deutsch lernen, um am kompletten Unterricht teilnehmen zu können, während durch Ergänzungsunterricht durch Muttersprachler in ihrer Muttersprache die Rückkehr in ihre Heimat offen gehalten werden sollte. Dies stellte eine Doppelstrategie dar, nämlich die schulische Integration bei gleichzeitiger Wahrung der kulturellen Identität. Doch die meisten Migranten entschlossen sich dazu in Deutschland zu bleiben und Ende der 1970er und Anfang der 80er Jahre strömten immer mehr Kinder der Gastarbeiter auf den Arbeitsmarkt, so dass dieser sich nun verstärkt mit diesem Thema beschäftigen musste und Forderungen an Bildung und Politik stellte. Die `berufliche Bildung` spielte nun eine wichtige Rolle und rückte auf der Agenda weit nach vorne. Da es auch für die Politik wichtig war, die zweite Generation der Migranten in die Arbeitswelt einzubringen, zog dies Forschungsgelder an. In den 1980er Jahren wuchs schließlich die Einsicht, dass Deutschland von einem „Land für Gastarbeiter" zu einem Einwanderungsland geworden ist. Dieses Wort impliziert, dass die Migranten dauerhaft in Deutschland bleiben wollten und auch staatsbürgerliche Rechte, wie Einbürgerung, kommunales Wahlrecht und anderes, bekommen sollten. Doch diese Rechte blieben ihnen weiterhin verwehrt. Es war nun klar, dass ethnische Minderheiten einen dauerhaften Bestandteil der multikulturellen Gesellschaft darstellten und berücksichtigt werden mussten. Dem Problem wurde sich auch angenommen, allerdings mussten dafür Grundsatzfragen zum Kulturbegriff angegangen werden. Es wurde nun zwischen der Herkunftskultur und der Migrantenkultur unterschieden. Auf letztere wurde sich konzentriert, da die Migranten in Deutschland anders lebten als in ihrer Heimat davor. Es entwickelten sich kontroverse Linien. Die eine Gruppe von Wissenschaftlern sah das Problem der Migranten nahezu ausschließlich in den fehlenden Rechten und Diskriminierung. Gleichzeitig sahen sie hier aber auch einen Weg zur Lösung der Probleme. Die andere Gruppe, die sich schließlich auch durchsetzte, sah die Lösung in einer Erziehung zum interkulturellen Verständnis. Dadurch sollten Diskriminierung und Benachteiligung abgebaut werden und die Verständigung zwischen den Kulturen belebt werden. Eine weitere Meinung, die aber keine Chance zur Durchsetzung in dieser Zeit hatte, waren Vertreter der Migranten, die eine stärkere Berücksichtigung der Muttersprache forderten (Auernheimer 2007: 34-40).

Ende der 80er kam ein neues Problem auf die Pädagogik zu, indem viele Aussiedler aus den osteuropäischen Ländern und aus Ostdeutschland nach Westdeutschland zogen. Bei den Menschen aus der ehemaligen DDR sah man zunächst kein Problem, da diese deutsch waren. Allerdings stellte sich heraus, dass deren politische Doktrin und Geschichte zu einer eigenen Kultur geführt hatte. Mit diesen Migranten folgten ähnliche Lernschritte wie bei den Gastarbeiterkindern. Die 90er Jahre waren geprägt von der Auseinandersetzung mit dem jugendlichen Rechtsextremismus. Obwohl gegen diesen auch mit interkultureller Erziehung angegangen werden könnte, spielte es in der Schule nur eine geringe Rolle, da vor allem in der außerschulischen Jugendarbeit gegen Rassismus gearbeitet wurde und wird. Außerdem wurde zum Teil zwischen antirassistischer Erziehung und interkultureller Erziehung differenziert. Schließlich wurde der Blick auch noch auf die Defizite der Institutionen gewendet, die zum Teil deutlich überfordert waren, wie sie mit den außerdeutschen und innerdeutschen Migranten umgehen sollten. Dieses Kapitel kann so zusammengefasst werden, dass sich die Ausländerpädagogik, die vor allem die Herkunftsregionen und die Kulturen der Migranten im Blick hatte, wandelte. Der Fokus ging weg von der fremden Kultur hin zur eigenen Kultur, die sich dem Fremden öffnen musste und gegen eigene Probleme, wie Rassismus, angehen musste. Die Konsequenz daraus war, dass sich die Tendenz zur Erziehung zur interkulturellen Kompetenz durchsetzte (ebenda: 40-42).

Der von Nieke genannte Punkt VI. Neo-Assimilationismus ist mit den vorangegangenen Erläuterungen allerdings noch nicht geklärt worden. Dieser Begriff hängt mit den Geschehnissen seit dem 11. September 2001 zusammen. Seitdem stehen, wenn auch oft unbewusst viele Migranten und Deutsche mit Migrationshintergrund, unter einem Generalverdacht, den Islamismus zu unterstützen. Weite Teile der Politik und der Gesellschaft fordern deshalb, dass sich diese Menschen nicht nur dem deutschen Staate gegenüber loyal erklären müssen, sondern sich auch den Überzeugungen der deutschen Mehrheitsgesellschaft anpassen müssen. Dies hieße, dass sich der Weg wieder umdrehen würde, weg von dem interkulturellen Nebeneinander und der Akzeptanz des Fremden. Nieke geht sogar soweit zu sagen, dass es eine Art von „Zwangsakkulturation" gibt, bei der die Migranten ihre Herkunftskultur völlig ablegen und die deutsche Mehrheitskultur annehmen sollen. Der Trend ist nun, dass sich die interkulturelle Erziehung auf einem Rückzug befindet und hin zu einer Integrationsförderung mit Akkulturationsunterstützung geht. Wie sich hier der Trend in der Zukunft entwickeln wird, ist noch nicht abzusehen (Nieke 2008: 20-21). Die Frage ist aber, ob nicht gerade in dieser Situation interkulturelle Kompetenz von Seiten aller Parteien die Lösung möglicher und bestehender Konflikte ist.

4. Die Entwicklung des interkulturellen Lernens im Geographieunterricht

Parallel zur allgemeinen Entwicklung des interkulturellen Lernens in der Pädagogik, gab es auch eine Entwicklung innerhalb der Geographie. Der Geographieunterricht hat sich schon immer mit "Kultur" und "Raum" beschäftigt, allerdings haben sich die didaktischen Begründungen und die Art und Weise der Vermittlung im Laufe der Zeit stark verändert.

Der Geographieunterricht fing im 19. Jahrhundert mit der klassischen Länderkunde an, bei der die verschiedenen Völker identifiziert wurden. Es wurde angenommen, dass die Entwicklung der verschiedenen Kulturen mit den jeweiligen Klimaten zusammen hing. Das Klima und die naturgegebenen Vorraussetzungen eines Raumes bestimmten wie sich die Menschen dort entwickelten. Idealerweise sollten "Land", "Volk" und "Staat" eine Einheit bilden und demnach hatte ein Staat eine homogene Bevölkerung (Schultz 1999: 35). Dies traf damals sicherlich auch noch mehr zu, als es dies heute tut und hatte damit eine gewisse Berechtigung. Besonders eindeutig war hier auch noch der Fokus auf das Feststellen von Differenzen zu den anderen Völkern. Gemeinsamkeiten wurden vernachlässigt, aber Differenzen genau untersucht (Wardenga 2006: 31). Auf diese Weise wurde ein Bild der Völker auf der Erde skizziert, in dem alle Kulturen friedlich miteinander leben, aber jeweils in dem eigenen Land durch die Natur vorgegeben und ohne Interaktionen mit den anderen Völkern (ebenda: 35).

Vor dem Ersten Weltkrieg und dann weitergeführt im Nationalsozialismus kam der Geopossibilismus in Mode und wurde in den Schulen gelehrt. In diesem Konzept spielte die Natur immer noch eine wichtige Rolle, aber sie war nicht mehr allein dafür verantwortlich wie sich eine Kultur oder ein Volk entwickelte. Stattdessen hielt die Natur Potenziale bereit, die von den dort lebenden Menschen je nach ihren Fähigkeiten bzw. ihrer "Kulturhöhe" umgesetzt werden konnten. Waren bestimmte Völker bzw. Staaten weiter entwickelt als andere, spiegelte dies die Überlegenheit der Rasse wieder. Auf diese Weise sollten Nationalstolz und Vaterlandsliebe geschürt werden und die Begründung des aggressiven Machtstaats geliefert werden (Budke 2008: 11).

Nach dem Zweiten Weltkrieg änderte sich die Darstellung anderer Völker und Staaten verständlicherweise beträchtlich. Gefördert wurde dies vor allem durch die Umerziehungspolitik der alliierten Besatzungsmächte. Es sollte nun nicht mehr die Überlegenheit der deutschen Rasse im Verhältnis zu den anderen Völkern gezeigt, sondern Toleranz und Achtung den anderen Kulturen gegenüber vermittelt werden. Auf diese Weise sollte präventiv eine Friedenserziehung entstehen und gute, nachbarschaftliche Verhältnisse zu anderen Ländern aufgebaut werden (Kroß 1992 in Budke 2008: 11). Intensiviert wurden diese Bemühungen noch mit dem allmählichen Entstehen der Europäischen Union. Dies fing 1951 mit der Gründung der EGKS, der Europäischen Gemeinschaft für Kohle und Stahl an und ging weiter mit der Gründung der EWG, der Europäischen Wirtschaftsgemeinschaft, 1957. Dem Geographieunterricht kam nun die Aufgabe zu, vor allem über die europäischen Nachbarländer und -kulturen zu informieren und hier für ein konfliktfreies, vereintes Europa vorzubereiten (Budke 2008: 11-12).

Bis in die 1970er Jahre war der Geographieunterricht aber immer noch durch die reine Länderkunde geprägt. Dies wurde auf den Geographentagen zum Teil stark kritisiert. Einen Grund dafür liefert Budke: "... die Länderkunde, da sie das je Einzig- und Eigenartige der behandelten Regionen und Länder herausstellen wolle, zu einer Überakzentuierung des Exotischen neige und so selbst zur Verbreitung von Stereotypen und kulturellen Klischees beitrage" (ebenda: 12). Es sollte also weg von der reinen Länderkunde hin zu einer allgemeinen Geographie mit sozialen und entwicklungspolitischen Schwerpunkten gehen. Die Kulturräume, die auf Kolb zurückgehen, führten letztendlich zu einer Aufteilung der Welt nach dem Grad der Modernisierung in Entwicklungs- und Industrieländer, aber auch nach den politischen Systemen in kapitalistische und sozialistische Länder bzw. Blöcken (ebenda: 12-13). Doch auch diese Aufteilung der Welt war problematisch, da die Kulturerdteile in den Schulbüchern nicht als abstrakte Modelle existierten, sondern als gegebene Tatsachen. Außerdem werden die Erdteile als homogene Kulturen dargestellt, doch fast überall existieren heterogene Durchmischungen von Ethnien und Prozesse des modernen Wandels werden nicht berücksichtigt. Die Kulturerdteile entsprechen also nur in Maßen der Realität. Sie betonen zwar die kulturelle Vielfalt auf der Erde, doch sie führten und führen nach wie vor eher zur Verstärkung von Stereotypen als zu deren Abbau (vgl. ebenda: 19-20).

In dieser Zeit wurde auch die Dependenztheorie entwickelt und im Geographieunterricht zunehmend berücksichtigt. Dies führte nun dazu, dass ein vermehrter Fokus des Geographieunterrichts auf die Entwicklungsländer fiel, da klar wurde, dass die Industriestaaten, von denen die meisten auch ehemalige Kolonialmächte waren, nicht unerheblich Schuld an der Misere der Entwicklungsländer hatten. Dieser nun stattfindende entwicklungspolitische Unterricht fand bis weit in die 1980er Jahre hinein große Verbreitung (Kroß 2004: 13-15) und ist auch nach wie vor im Geographieunterricht zu finden. Das interkulturelle Lernen war in diesem Zusammenhang das Aufzeigen der Verantwortung der Industrieländer und der Industrie für die Unterentwicklung anderer Länder. Außerdem sollten so rassistische Denkweisen aufgegeben werden und die Schülerinnen und Schüler zu einer reflektierenden Denkweise gegenüber der Dritten Welt angehalten werden (Budke 2008: 13).

Nach Budke hat die Entwicklung des interkulturellen Lernens im Geographieunterricht schon in den 1970er Jahren angefangen. Bis dahin wurden, wie beschrieben, besonders die Unterschiede zu anderen Kulturen wahrgenommen. Dabei wurden die Unterschiede allerdings oft direkt mit Defiziten gleichgesetzt. Dieser Ansatz war nun überholt und passte nicht mehr in die damalige Gesellschaft. Vor allem vor dem Hintergrund, dass sich Deutschland seit den 1960ern von einem Auswanderungsland zu einem Einwanderungsland gewandelt hatte[1] und damit die verschiedenen Kulturen nicht mehr nur im Urlaub und in Büchern, sondern in Deutschland auf der Straße wahrgenommen wurden. Das interkulturelle Lernen sollte dazu führen, dass die Kinder mit Migrationshintergrund, die sich nun zunehmend in den Klassenräumen fanden, als Bereicherung für den Unterricht angesehen wurden und nicht als Problem. Dem interkulturellen Lernen im Geographieunterricht lieg das Konzept der Multikulturalität zu Grunde. Dies besagt, dass sich die Immigranten in ihrer Kultur ausleben können und dies aber nicht zu Konflikten führt, sondern dass alle Kulturen friedlich nebeneinander leben. Gerade der Geographieunterricht soll dabei helfen dies zu erreichen, indem Vorurteile abgebaut werden und über andere Kulturen berichtet wird (2008: 13-15). Doch auch das Konzept der Multikulturalität scheint heute nicht mehr haltbar zu sein.

---

[1] vgl. die beschriebenen Prozesse im vorangegangenen Kapitel

Viele Deutsche mit Migrationshintergrund sind mittlerweile in der dritten Generation in Deutschland und bei einer so langen Zeitspanne, lässt es sich fast nicht vermeiden, dass sich die Kulturen auch vermischen. Weltweit gesehen, muss aufgrund der Globalisierung auch von einer Vermischung der Kulturen gesprochen werden. Die sogenannte „McDonaldization" zeugt von der Übernahme westlicher Lebens- und Konsumgewohnheiten und ist ein Beweis für die Vermischung der Kulturen (ebenda: 18, 20-21). Wolfgang Welsch prägte für diese Durchmischung der Kulturen gegenüber der Multikulturalität den Begriff der „Transkulturalität" (1997: 67 ff.).

5. Interkulturelles Lernen heute - Ein Auszug aus der Praxis

Nachdem nun die Geschichte des interkulturellen Lernens im Allgemeinen und in der Geographie kurz skizziert worden ist, ist es sinnvoll einen Blick in die heutigen Lehrpläne und Schulbücher zu werfen, um zu prüfen in wie weit die theoretischen Begründungen für interkulturelles Lernen umgesetzt worden sind. Denn die Lehrpläne und Schulbücher schaffen erst die Voraussetzungen, mit denen die Lehrerinnen und Lehrer dies in der Praxis vermitteln können. Dabei wird hier allerdings aus Platzgründen nur beispielhaft auf den Kernlehrplan für Gymnasien und Gesamtschulen in Nordrhein-Westfalen und einzelne Schulbücher zurückgegriffen.

Als erstes sei hier aber der Grundlehrplan Geographie von 2005 genannt, der vom Verband Deutscher Schulgeographen herausgegeben wird. Auch dieser Verband sieht in der interkulturellen Bildung ein wichtiges Thema, das es gilt in der Schule zu vermitteln. Unter dem Punkt „Ziele des Geographieunterricht" heißt es u.a., dass Kenntnisse und Verständnis zu vermitteln sind, damit Schülerinnen und Schüler „... die Verschiedenheit der Völker und Gesellschaften auf der Erde kennen, um die kulturelle Vielfalt der Menschheit achten zu können" (10).

Die Kernlehrpläne für Gymnasien und Gesamtschulen in NRW haben diese Ziele weitestgehend übernommen und zum Teil noch erweitert. Im Folgenden werden einzelne Punkte vorgestellt. So soll im Rahmen der Fächer der Gesellschaftslehre durch die Erschließung sowohl des Nahraumes als auch fremder Lebensräume Toleranz gegenüber dem Eigenwert fremder Kulturen angebahnt und auf ein Leben in einer international verflochtenen Welt vorbereitet werden (Kernlehrplan für die Sekundarstufe I 2007: 13). Hier ist also nicht nur das Fach Erdkunde angesprochen, sondern auch die anderen Fächer der Gesellschaftslehre. Damit wird umgesetzt, was in der Theorie gefordert wird, nämlich interkulturelles Lernen fächerübergreifend zu vermitteln (vgl. Kap. 2). Auf das Fach Erdkunde bezogen, sollen hier „…durch interkulturelles Verständnis Wege zu einem friedlichen Miteinander im Sinne globaler Nachbarschaft ermöglicht werden" (ebenda: 15). Unter dem Punkt „Kompetenzentwicklung und Lernprogression" wird gesagt, dass der Unterrichts- und Lernerfolg in entscheidendem Maße u.a. davon abhängt, wie „soziales und interkulturelles Verstehen […] gefördert und ausdifferenziert werden" (ebenda: 20). Unter dem interkulturellen Verstehen wird hier zum Beispiel verstanden, dass in Alternativen gedacht wird, eigene Gefühle artikuliert werden können, die Gefühle von anderen wahrzunehmen und zu bewerten und bereit zu sein auch mal die Perspektive zu wechseln (ebenda: 20). Besonders der Perspektivenwechsel ist wichtig, um andere Kulturen verstehen zu können. Dieser Begriff wird auch im Lehrplan der Oberstufe wiederholt aufgegriffen.

Der Stoff, der im Unterricht der Sekundarstufe I vermittelt werden soll, ist im Lehrplan in obligatorische Inhaltsfelder aufgeteilt. Für die Unterstufe sind dies drei, von denen das dritte „Auswirkungen von Freizeitgestaltung auf Erholungsräume und deren naturgeographisches Gefüge" (ebenda: 26) am ehesten für die Umsetzung interkulturellen Lernens Möglichkeiten eröffnet. Für die Mittelstufe ergeben sich hier schon wesentlich mehr Möglichkeiten. Dort gibt es fünf obligatorische Inhaltsfelder, von denen vier interessant sind. Dies sind „Leben und Wirtschaften in verschiedenen Landschaftszonen, Innerstaatliche und globale räumliche Disparitäten als Herausforderung, Wachstum und Verteilung der Weltbevölkerung als globales Problem und Wandel wirtschaftsräumlicher und politischer Strukturen unter dem Einfluss der Globalisierung" (ebenda: 30-31). Daneben ergeben sich noch Möglichkeiten aus den schulinternen Curriculae, die zwar diese obligatorischen

Inhaltsfelder aufgreifen müssen, aber auch noch erweitert werden und Schwerpunkte setzen können. Dabei könnte dann besonders Bezug auf das interkulturelle Lernen genommen werden.

Der Lehrplan für die Oberstufe ist wesentlich umfassender als der für die Sekundarstufe I, da hier zum Beispiel detailliert auf die Abiturprüfung eingegangen wird. Doch auch hier wird auf interkulturelles Lernen Bezug genommen. An mehreren Stellen wird von Toleranz, einer verflochtenen Welt und dem Zusammenwachsen Europas gesprochen, wo dem Geographieunterricht eine wichtige Rolle zugesprochen wird (Richtlinien und Lehrpläne für die Sekundarstufe II 1999: z.B. XIV). Ein expliziter Bezug findet sich auch unter dem Punkt „Ziele und Aufgaben des Faches". Dort heißt es: „Das Zusammenleben unterschiedlicher Gesellschaften und Kulturen auf allen Maßstabsebenen bekommt zunehmend Bedeutung für die Zukunft. Ein friedliches Miteinander im Sinne globaler Nachbarschaft kann nur gelingen auf der Basis vorurteilsfreier, nicht eurozentrischer, mehrperspektivischer Informationen über die Hintergründe und Entstehungszusammenhänge fremder Kulturen" (ebenda: 7).

Für die Sekundarstufe II gibt es in NRW nur drei obligatorische Inhaltsfelder, aber diese sind dafür ausführlich beschrieben. Zwei davon können auch im Hinblick auf interkulturelles Lernen bearbeitet werden, nämlich „II. Raumstrukturen und raumwirksame Prozesse im Spannungsfeld von wirtschaftlichen Disparitäten und Austauschbeziehungen" sowie „III. Raumstrukturen und raumwirksame Prozesse im Spannungsfeld von Aktionen und Konflikten sozialer Gruppen, Staat und Kulturgemeinschaften" (ebenda: 12-14). Im zweiten Inhaltsfeld werden zum Beispiel Wertorientierungen und nachhaltiges Wirtschaften in der Einen Welt angesprochen und im dritten werden unter anderem soziokulturelle und politische Leitbilder als Voraussetzung für Siedlungsentwicklung und globale Zusammenarbeit angeführt (ebenda: 12-14).

Exemplarisch werden nun im Folgenden fünf Schulbücher der Geographie, zwei für die sechste Klasse und drei für die gymnasiale Oberstufe, im Hinblick auf interkulturelles Lernen vorgestellt. Beim Blick in die Inhaltsverzeichnisse der Bücher bekommt man schon einen relativ guten Überblick in weit dieses Thema in den Büchern eine Rolle spielt. Immerhin drei der sechs Bücher greifen direkt das Thema „Leben in der Einen Welt" auf, sowohl in der sechsten Klasse wie auch in der

Oberstufe. Alleine daran wird deutlich, dass dieses Thema ernst genommen wird. Da diese Bücher, bis auf das „Seydlitz Geographie SII" (2001), alle aus dem Jahr 2008 sind, sollten sie auch mehr oder weniger die Vorgaben aus den aktuellen Lehrplänen umgesetzt haben.

Nun die Bücher im Einzelnen. Das Buch „Praxis Geographie 2" (6. Klasse) aus dem Westermann Verlag fängt mit einer Vorstellung der verschiedenen Landschaftszonen der Erde an. Diese werden einzeln vorgestellt und es wird auf typische Stereotype verzichtet. Stattdessen gibt es realistische Abbildungen wie für das Beispiel „Kalte Zone" Forstwirtschaft in Finnland statt Eskimos in Iglus. Ein weiteres Thema in diesem Buch heißt „Eine Welt – verschiedene Lebenswelten" und kommt in der Mitte des Buches vor, wird also nicht an den Rand geschoben. Die Abbildungen in diesem Kapitel sind sehr gut gelungen, da sie nicht nur Gegensätze zeigen, sondern Gemeinsamkeiten betonen. Des Weiteren werden Disparitäten innerhalb Deutschlands, Europas und auf der Welt dargestellt. Allerdings wird hier bezogen auf Deutschland nur der Unterschied zwischen Ost- und Westdeutschen behandelt und nicht auf Deutsche mit Migrationshintergrund eingegangen. Im Anschluss daran werden in Kapitel 4 die Entwicklungsländer dargestellt. Auch dieses Kapitel ist gut gelungen; es werden z.B. kritische Fragen gestellt wie: „Macht Kaffe satt?" (108) und regt damit zur Diskussion unserer Konsumgewohnheiten und damit unserem Verhalten gegenüber ärmeren Kulturen an. Es könnten allerdings mehr Bilder zu den Lebensumständen der lokalen Bevölkerung gezeigt werden, um die Resultate der Welthandelspolitik zu visualisieren. Insgesamt nimmt dieses Buch jedoch interkulturelles Lernen ernst und vermittelt entsprechend.

Das Buch „Terra – Erdkunde 2" (6. Klasse) vom Klett Verlag steht ziemlich im Gegensatz zum oben besprochenen Buch. Direkt befasst es sich gar nicht mit interkulturellem Lernen, ein Kapitel „Leben in der Einen Welt" ist nicht zu finden. Stattdessen behandeln drei Viertel des Buches die verschiedenen Landschaftszonen der Erde. Dabei wird allerdings auch weitestgehend auf Stereotype verzichtet und die Bilder zeigen, wie es vor Ort wirklich aussieht, aber es wird nur wenig auf die lokale Bevölkerung und Menschen im Allgemeinen eingegangen.

Die Oberstufenbücher sind alle sehr umfassend und mehr oder weniger textgeprägt. Im Buch „Seydlitz Geographie SII" gibt es das Kapitel „Nachhaltiges Wirtschaften in der Einen Welt". Hier wird jedoch, wie der Titel schon andeutet, vor allem auf Wirtschaftswachstum, Energie- und Wasserversorgung sowie Rohstoffversorgung vor dem Hintergrund knapper werdender Ressourcen eingegangen. Auf den letzten 150 Seiten dieses 500-Seiten-Buches geht es allerdings um Spannungsfelder und Konflikte zwischen verschiedenen Gruppen, Kulturen und Staaten auf der Welt. Viele Punkte hieraus eignen sich sehr gut zum interkulturellen Lernen. Der Nachteil ist hier lediglich, dass dieses Kapitel erst am Ende des Buches auftaucht und so möglicherweise nicht mehr im Unterricht behandelt wird.

Das Buch „Mensch und Raum - Geographie 12/13" fängt dagegen direkt mit dem Kapitel „Leben in der Einen Welt an". Damit steht es wahrscheinlich auch mit am Anfang des Unterrichts in der Oberstufe und wird nicht übergangen. Dieses Kapitel ist hier sehr ausführlich beschrieben und umfasst fast 130 Seiten. Die informativen Texte werden durch viele Bilder und Grafiken unterstützt. Die Aufgaben sind zu einem großen Teil problem- wie auch handlungsorientiert. Außerdem werden viele verschiedene Themen aus unterschiedlichsten Ländern und Kulturen angesprochen. Es geht über Ressourcenverteilung, Trinkwasserknappheit, globale Arbeits- und Einkommensverteilung, Desertifikation und Entwicklung durch Tourismus mit dadurch verursachten Problemen bis hin zur Bildung für Frauen sowie die „Grüne Revolution" in Indien und Indonesien. Das darauffolgende Thema ist Raum- und Stadtentwicklung. Hier kann nur an einigen Stellen sinnvoll auf interkulturelles Lernen Bezug genommen werden wie z.B. bei der Besprechung von Favelas in Brasilien oder das Leben von Kindern auf der Straße. Im dritten großen Block „Globale Beziehungen und Betrachtungsweisen" gibt es auch noch viele Möglichkeiten interkulturelles Lernen anzuwenden. Interessant wäre z.B. das Thema „Arbeitsmigration". Alles in allem also ein sehr gelungenes Buch im Bezug auf interkulturelles Lernen.

Als letztes soll hier das recht populäre Buch „Fundamente – Geographie Oberstufe" vom Klett Verlag besprochen werden. Das Thema „Eine Welt" wird in diesem Buch mit den Entwicklungsländern zusammen gelegt und auch nicht so ausführlich behandelt. Außerdem werden dabei eher typische Themen der Entwicklungsländer wie die verschiedenen Indexe derer Klassifizierung, informeller Sektor und Entwicklung ländlicher Räume behandelt. Es wird also weniger vom „Leben in Einer Welt", sondern vom „Leben in der Dritten Welt" gesprochen. Wenn auch nicht direkt von den Themen abgeleitet, wird interkulturelles Lernen in diesem Buch zumindest in den Bildern vermittelt. Es wird die Diversifikation der Kulturen auf der Welt gezeigt, wenn auch eher im Sinne der Multikulturalität als im Sinne der Transkulturalität. Das Buch behandelt viele Themen der Geographie und ist damit vielseitig im Unterricht einzusetzen, aber beim interkulturellen Lernen ist durchaus noch Nachholbedarf.

6. Schlussfolgerungen

Diese Arbeit hat gezeigt, dass es einen beträchtlichen Wandel in der Art und Weise gegeben hat wie andere Länder und Kulturen im Geographieunterricht dargestellt werden. Im Prinzip wurde so immer die Politik der jeweiligen Zeit widergespiegelt. Von der Länderkunde ging es über Ausländerpädagogik bis hin zum heutigen interkulturellen Lernen. Dabei wurden verschiedene Konzepte berücksichtigt wie das der Multikulturalität und Transkulturalität. Allgemeiner Konsens scheint heute zu sein, dass es mehr und mehr zu einer transkulturellen Gesellschaft kommen wird und deswegen interkulturelle Bildung nach wie vor eine große Bedeutung hat. Dies spiegeln auch die aktuellen Lehrpläne sowie die meisten Schulbücher für Geographie wieder. In den meisten dieser Bücher wird detailliert auf andere Kulturen eingegangen, so dass den Schülerinnen und Schülern interkulturelles Verständnis gelehrt wird.

Doch es bleiben auch noch Fragen offen. Eine ist dabei wie sich der von Nieke angesprochene Neo-Assimilationismus weiterentwickeln wird. Wenn dieser sich in Zukunft verstärken wird, könnte es wieder vermehrt zu Fremdenfeindlichkeit und Rassismus kommen. Um dies zu verhindern, muss die Politik handeln und vermehrt das Konzept der interkulturellen Bildung einfordern. Wenn dies geschieht und vor allem auch die Welthandelspolitik ihr System zu einem faireren Handel hin ändert sowie die globale Wirtschaft sich zu einer nachhaltigen wandelt, ist allen mehr geholfen und es könnte zu einer friedlicheren Welt führen. Glücklicherweise werden diese Punkte auch in den meisten Schulbüchern der Geographie behandelt.

Literaturverzeichnis:

- Auernheimer, Georg. 2007. *Einführung in die interkulturelle Pädagogik.* 5.Aufl. Darmstadt: WGB

- Budke, Alexandra (Hrsg.). 2008. *Interkulturelles Lernen im Geographieunterricht.* Potsdam: Universitätsverlag

- Essinger, Helmut. 1991. Interkulturelle Erziehung in multiethnischen Gesellschaften. In: Marburger, Helga (Hrsg.). *Schule in der multikulturellen Gesellschaft. Ziele, Aufgaben und Wege Interkultureller Erziehung.* Frankfurt a. M.: 3-18

- Grosch, H. & Leenen, W.R. 1998. „Bausteine zur Grundlegung interkulturellen Lernens". In: Auernheimer, G. et al. *Interkulturelles Lernen - Arbeitshilfen für die Politische Bildung.* Bonn: Bundeszentrale für politische Bildung: 29-46

- Kroß, Eberhard (Hrsg.). 2003. *Globales Lernen im Geographieunterricht - Erziehung zu einer nachhaltigen Entwicklung.* Geographiedidaktische Forschungen Band 38. Nürnberg: Selbstverlag des Hochschulverbandes für Geographie und ihre Didaktik

- Krüger-Poratz, Marianne. 2005. *Interkulturelle Bildung - Eine Einführung.* Münster: Waxmann Verlag

- Nieke, Wolfgang. 2008. *Interkulturelle Erziehung und Bildung: Wertorientierungen im Alltag.* 3.Aufl. Wiesbaden: VS-Verlag

- Rinschede, Gisbert. 2005. *Geographiedidaktik.* 2.Aufl. Paderborn: Schöningh

- Rother, L. 1995. „Interkulturelles Lernen im Geographieunterricht". In: *Praxis Geographie.* H 7-8. 4-11

- Schultz, H.-D. 1999. "Einfach typisch! Zur Fiktion des Nationalcharakters". In: *Praxis Geographie.* H. 7-8: 24-28

- Wardenga, Ute. 2006. "Raum- und Kulturbegriffe in der Geographie". In: Dickel, M. & Kanwischer, D. (Hrsg.). *TatOrte. Neue Raumkonzepte didaktisch inzeniert.* Berlin: Lit Verlag

- Welsch, Wolfgang. 1997. „Transkulturalität – Zur veränderten Verfassung

heutiger Kulturen". In: Schneider, I. & Thomsen, C. W. (Hrsg.).
Hybridkultur. Köln: Wienand: 67-90

Schulbücher und Lehrpläne:

* Bethke, J. et al. 2008. Praxis Geographie 2. Braunschweig: Westermann
* Brodengeier, E. et al. 2008. Terra Erdkunde 2 – Gymnasium Nordrhein-Westfalen. Stuttgart: Ernst Klett Verlag
* Bütow, M. et al. 2001. Seydlitz Geographie SII Gesamtband. Hannover: Schroedel Verlag
* Dielmann, M. et al. 2008. Mensch und Raum Geographie 12/13. Berlin: Cornelsen
* Kreus, A. & von der Ruhren, N. (Hrsg.). 2008. Fundamente – Geographie Oberstufe. Stuttgart. Ernst Klett Verlag

* Kernlehrplan für das Gymnasium – Sekundarstufe I (G8) in Nordrhein-Westfalen – *Erdkunde*. 2007. Frechen: Ritterbach Verlag
* Richtlinien und Lehrpläne für die Sekundarstufe II – Gymnasien/Gesamtschule in Nordrhein-Westfalen – *Erdkunde*. 1999. Frechen: Ritterbach Verlag
* Verband Deutscher Schulgeographen. 2005. *Grundlehrplan Geographie – Ein Vorschlag für den Geographieunterricht der Klassen 5-10*. Unter: http://www.erdkunde.com/vdsg_lv/sh/glp2005_neu.pdf . Zugriff am 12.1.10